JN016403

AI時代を生き抜く 2

プログラミング的思考が身につくシリーズ

プログラミングのきほん

土屋誠司 著

はじめに

この本は、プログラミング言語そのものの使い方ではなく、すべてのプログラミング言語に共通する「プログラミング」の本質や考え方を知ってもらうための本です。

プログラミングと聞くと、一部のすごい人しか使うことができない、とても難しくて理解できないものと思うかもしれません。しかし、そんなことは一切ありません。みなさんも普段から自然に考え、やっていることなのです。例えば、授業の時間割やスーパーでの買い物も「プログラム」だったりします。うまく「プログラミング」できていないと、ちゃんと勉強できなかったり、いらないものを買ってしまったり、買うのを忘れてしまったりする原因になります。

そのため、意識してプログラミングを活用できるように、小学生からプログラミングの考え方を取り入れた授業が始まりました。いわゆる「論理的」な考え方の習得です。

プログラミングの本質を知り、それを活用して、さまざまな物事について、いろんな視点からしっかりと考えられる、ステキな未来を作れる人を目指しましょう。

contents

もくじ

1

プログラムとは何か

「プログラミング」とは『プログラム』を作ることです。では、「プログラム」とはいったい何でしょうか？　それは、相手にしてほしいことや、してほしいことの順番を書いたものです。いわば指示書、指令書です。例えば、みなさんがお母さんやお父さんからおつかいをお願いされたときによく手渡される「おつかいメモ」が『プログラム』です。「卵を買ってきてほしい」とか「そのあと、クリーニング屋さんで服を取ってきてほしい」とお願いされたことはありませんか？

では、なぜ『プログラム』というものがそもそも必要なのでしょうか？それは、自分がしたいことを代わりに誰かにしてほしいからです。おつかいの場合は、お母さんやお父さんが忙しくて買い物に行くことができないので、代わりにみなさんにお願いして助けてもらっているのです。

通常、『プログラム』と聞くとコンピュータのことを思い浮かべると思います。コンピュータは人間の代わりに難しい計算をしたり、日本語から英語に言い換えたり、いろんなことをしてもらうために開発された道具です。一般的にコンピュータというものが知られるようになったのは、1946年に完成した『ENIAC』というコンピュータが最初です。『チューリングマシン(万能機械)』という空想上のコンピュータを実際に作ったのです。大きさは

教室2個分もある非常に大きなものでした。

　そして、その3年後の1949年に、みなさんがよく知っているコンピュータの基となった『EDSAC』というコンピュータが開発されました。現在のコンピュータと同じ『ノイマン型コンピュータ』と言われるタイプで『プログラム内蔵方式』で動いています。

『ノイマン型コンピュータ』は、コンピュータ全体がちゃんと動くように調整する『制御装置』といろいろなことを覚えておく『記憶装置』、さまざまな計算をする『演算装置』、キーボードやマウスなどの『入力装置』、ディスプレイやプリンターなどの『出力装置』の『五大装置』でできています。人間で言うと、『制御装置』と『記憶装置』、『演算装置』が頭の中の脳、『入力装置』と『出力装置』が体の役割をしています。プログラムや情報（データ）は『記憶装置』に保存されていて、動くときには『演算装置』の中で計算されます。『記憶装置』の中にプログラムが入れられていることから『プログラム内蔵型』という名前がついています。

コンピュータは人間と同じようにいろんな仕事をすることができますが、人間と違って「これをしたい」とか「一生懸命がんばろう」という意思を持っていません。人間から言われたことをただ淡々と、間違うことなく、非常に速いスピードで行うことができます。つまり、「これをしてほしい」とか「この順番でしてほしい」といった指示や指令を人間にしてもらわないと動くことができないのです。

そこで重要になるのが『プログラム』です。人間がコンピュータにしてほしい内容を書いて、コンピュータに伝えて、しっかり間違いなく仕事をしてもらうためには、その『プログラム』が「ちゃんと」できていなければなりません。この「ちゃんと」の部分が、初めのうちはプログラミングを難しく感じる原因です。

先ほどのおつかいの例で考えてみましょう。みなさんは「卵を買ってきて」というような感じでお願いをされます。しかし、いざスーパーに行ってみると、値段の高いものや安いもの、白いものや色のついているもの、6個入りや10個入りなどいろんな種類の卵が売っています。こんなとき、みなさんはどうしますか？　みなさんだったら、普段どういう卵を買っているか知っていて、同じものを買って帰ることができるでしょう。もしまったく同じものがなくても、いつもの卵と似たようなものを選んで買って帰ることができるでしょう。こうした行動は、みなさんが賢いからできることなのです。

では、コンピュータはどうでしょうか？　コンピュータは、人間より正確に、素早く仕事をすることはできますが、実はみなさんのように賢くはなく、とても不器用です。お母さんやお父さんのほしがっている卵を想像したり、似たようなものを買って帰ると判断したりすることができません。そのため、こちらが考えていること、思っていること、してほしいことなどを一から十まで「ちゃんと」書き出して、指示してあげる必要があります。単に「卵を買ってきて」ではなく、「近所の○○スーパーに行って、白くて10個入っている198円の卵を買ってきて。もしなかったら何も買わずに帰ってきて」

というように「ちゃんと」書いてあげなければ、決してほしい卵を買ってきてくれないのです。

探究学習

たんきゅうがくしゅう

調べて、考えて、まとめてみよう！

◆ 自分の代わりにコンピュータにしてほしいことは何かな？　書き出してみよう。

◆ 自分がしてほしいことをコンピュータにお願いするとき、どのように書けばわかってくれるか考えながら、コンピュータへの指令書を書いてみよう。

◆ 友だちと指令書を交換して、その指令書通りに行動したとき、友だちが自分が思うように行動してくれるか確認してみよう。

◆ 思ったように行動してくれなかったとき、何をどう書けばよかったのか考えてみよう。

2

プログラミングの考え方

「ちゃんと」したプログラムを書くためには、どうやって考えていけばよいでしょうか？　一見、難しく感じますが、コツをつかめば非常に簡単です。考えないといけないことは、次の３つです。

- **物事を詳しく、細かく分ける**
- **物事を簡単にする**
- **物事の順番を決める**

実は、たったこれだけのことを考えれば、「ちゃんと」したプログラムを作ることができます。

まずは「物事を詳しく、細かく分ける」ことについて見てみましょう。例えば、先ほどの例の「卵を買ってきて」というおつかいの場合、「卵」とは何でしょうか？　ニワトリの卵でしょうか？　うずらでしょうか？　色は何色でしょうか？　サイズはＬでしょうかＭでしょうか、はたまたＳでしょうか？　何個必要でしょうか？　値段はいくらでしょうか？　また、どこで買ってくればいいでしょうか？　考えなければならないことは、非常にたくさんあります。

普段は１つのことに対して、こんなに詳しく、細かく考えることはしません。だって、こんなに詳しく、細かくすべての物事に対して考えていたら疲れきってしまいます。だから、いろんなことを省略して、考えないようにして人間は生活しています。人間は『常識』というものを持っています。『常識』とは、誰もが知っていること、または正しいと思うことです。みんなが知っていることは省略して、考えることを少なくしているのです。

お母さんやお父さんは普段使っている「卵」を知っていますし、買う場所もわかっています。そうしたことを、みなさんも知っていると信じていますから、卵の種類や買う場所のことは省略して、「卵を買ってきて」というお願いができるのです。みなさんを信頼していなければ、このようなお願いはできません。

このように、最初は大きくて複雑に見えても、すべての物事は必ず詳しく、細かく、小さく分けていくことができます。そして、細かく分けていくと、考える必要のある一つひとつのことは非常に簡単になっていきます。

一回で複雑なことをしようとすると、それは大変です。でも、簡単なことをやって、次にまた簡単なことをやってというように、簡単なことを続けていっぱいやっていくと、それはいつか複雑なことになります。プログラムは、このような考え方で組み立てることが大事です。

そして、たくさんの簡単なことに分けることができたら、あとは、その順番を決めるだけです。例えば、スーパーで卵を買うことを考えてみます。

1 お店に入る
2 卵売り場に行く
3 卵を取る
4 レジに持っていく
5 お金を払う
6 お店を出る

こうした行動を順にしていかなければなりません。この順番以外では卵を正しく買うことは決してできません。

もし次のようにしたらどうなるでしょう？

1）お店に入る

2）卵売り場に行く

3）卵を取る

4）お店を出る

これではお金を払っていないので泥棒になってしまいますよね。それはいけません。

コンピュータは、プログラムで書かれている内容を書かれている順番通りに正確に行います。だから、みなさんは正しくて順番も間違っていないプログラムを書かなければなりません。そのとき、いつもは物事を細かくして見てみる習慣がないので、プログラムを作ることが難しく感じるでしょう。普段からいろいろなことを詳しく、細かく見ていくことがプログラミングができるようになるための最初の一歩です。

調べて、考えて、まとめてみよう！

◆ 自分が教室で授業を受けて勉強をするとき、どんなことをしていますか？　コンピュータに教えられるように詳しく、細かく書き出してみよう。

◆ 友だちに書き出したように動いてもらって、ちゃんと勉強できるか確かめてみよう。もしできなかったら、何がどのように間違っていたのか考えてみよう。

◆ 書き出したことの順番を変えてみよう。どんなことが起こるかな？確かめてみよう。

3

プログラミングのきほん［1］
演算子

コンピュータには「計算する」という重要な仕事があります。このことを『演算』と呼びます。みなさんも算数の時間にいろんな計算をすると思います。算数では足し算や引き算、掛け算や割り算が出てきます。もちろん、コンピュータでも同じようにこれらの計算をすることができます。

みなさんが習っている算数で使う計算のことを『算術演算』と呼びます。そして、そのときに使う記号（足し算だったら「＋」、引き算は「－」、掛け算は「×」、割り算は「÷」）のことを『算術演算子』と呼びます。ちなみに、算数の時間には習わない『算術演算子』もコンピュータでは使うことがあります。例えば、「％」や「mod」です。これらは割り算をしたときの「あまり」を求める『算術演算子』です。

算数がわからないと、おつかいに行ったときにおつりの計算ができません。もしかしたら、店員さんのミスでおつりが足りていないかもしれません。そうならないために、ちゃんと自分でいろんな計算ができるようになりましょう。

コンピュータでは、こうした『算術演算』とは別の計算もしています。それは『論理演算』という計算です。『論理』とは、考える方法や考えるときに使う規則やルール、考えのつながりのことです。プログラミングを学ぶと

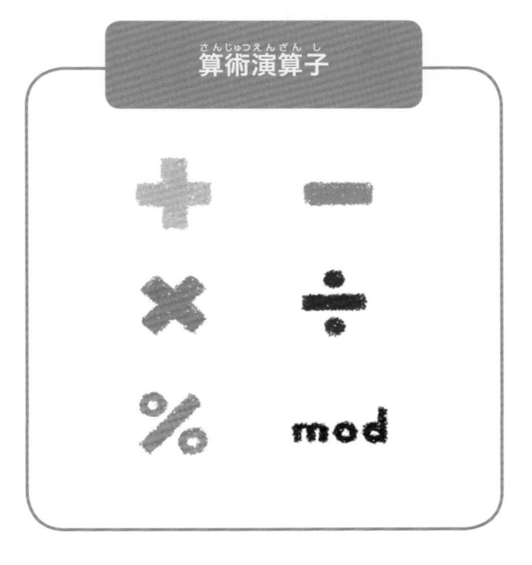

論理演算子

AND
NOT
OR
XOR

「論理的に考えることができるようになる」などと言われることがありますが、これは、適切なルールを使って、いろんな考えをつなげて、間違いをせず、途切れることなく最後まで考えられることを言っています。コンピュータへの指令書であるプログラムは、このように「論理的に」に書いてあげる必要があります。プログラムを書くことができるようになると、自然とこのように考えられる癖がつくと思います。

さて、この『論理演算』ですが、考えるための計算と言われてもあまりピンとこないですよね。みなさんは算数のときには『10進数』という普通の数字を使って計算しますが、コンピュータでは『2進数』という「1」と「0」だけを使う方法で計算しています。この『2進数』の計算に役立つのが『論理演算』なのです。

『論理演算』は『数理論理学（記号論理学）』という学問（勉強）の中の『集合論』という考え方です。例えば、「卵を買ってきて」と言われたら、卵だけを買ってくればよいですし、「卵と豆腐を買ってきて」と言われたら、卵と豆腐をいっしょに買って帰らないといけません。また、「チョコレートは買っちゃダメ」と言われたら、チョコレートがほしくても買って帰ったら怒られます。このように、よいのか悪いのか、あるのかないのか、「ON」か「OFF」、「1」か「0」を考えて計算するのが『論理演算』です。

『論理演算』にも『算術演算』と同じように『論理演算子』という記号があります。よく使うのは「AND」、「OR」、「NOT」、「XOR」の4種類です。それぞれ、『論理積』、『論理和』、『論理否定』、『排他的論理和』と呼びます。では、どんな演算をするのか？ 「野菜」と「甘さ」を例に考えてみましょう。

「野菜 AND 甘い」は「野菜の中で甘いもの」のことです。つまり「◯かつ△」と両方の条件に合うものになります。答えとしては、スイカやメロンが当てはまります*。

論理積（AND）

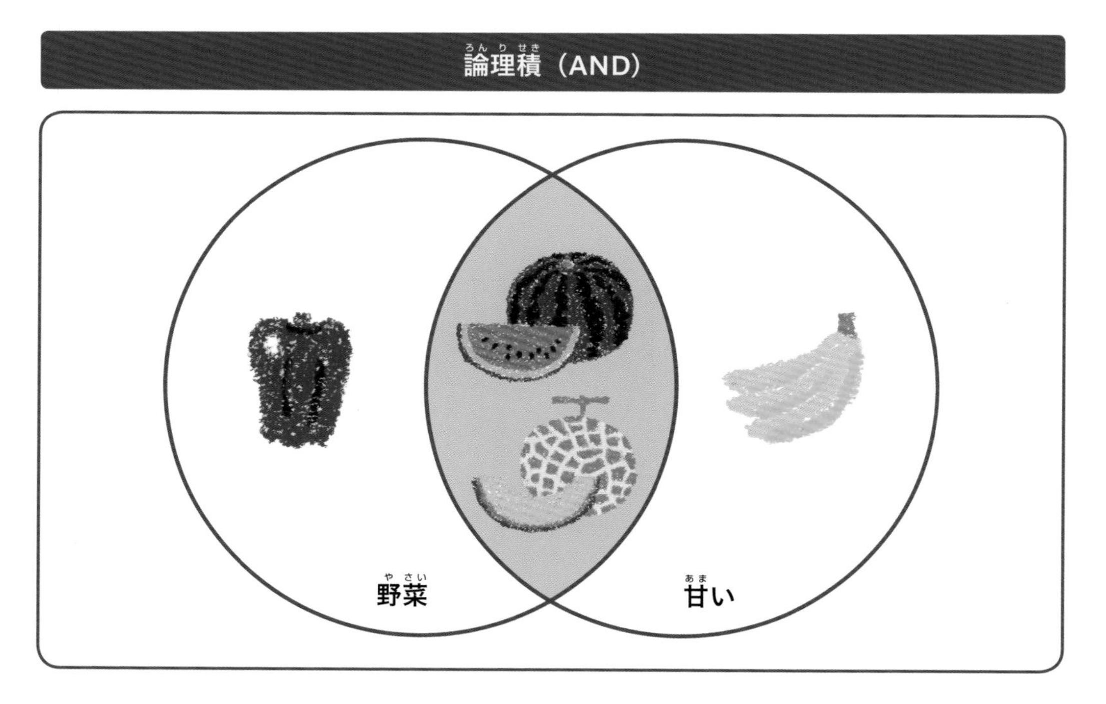

「野菜 OR 甘い」は「野菜か甘いもの」のことです。つまり「◯または△」というように、どちらかの条件に合うものになります。答えとしては、スイカやメロンだけでなく、ピーマンやバナナも当てはまります。

＊農林水産省ではスイカやメロンを「（果物的）野菜」に分類している。

論理和（OR）

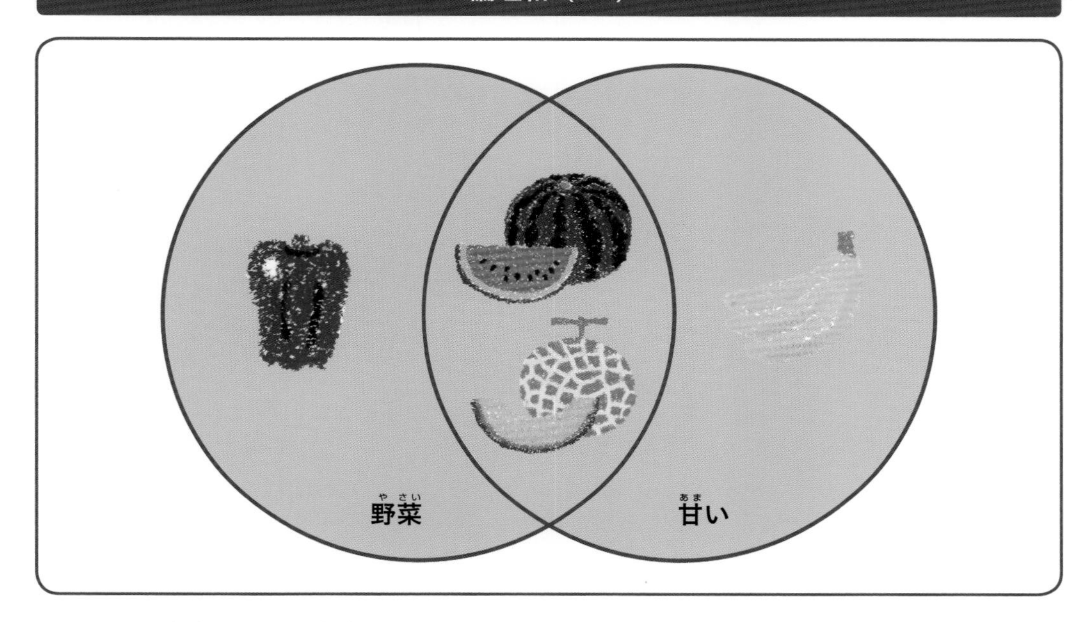

「NOT 野菜」は「野菜じゃないもの」のことです。つまり「◯ではない」という条件に合うものになります。答えとしては、バナナが当てはまります。

論理否定（NOT）

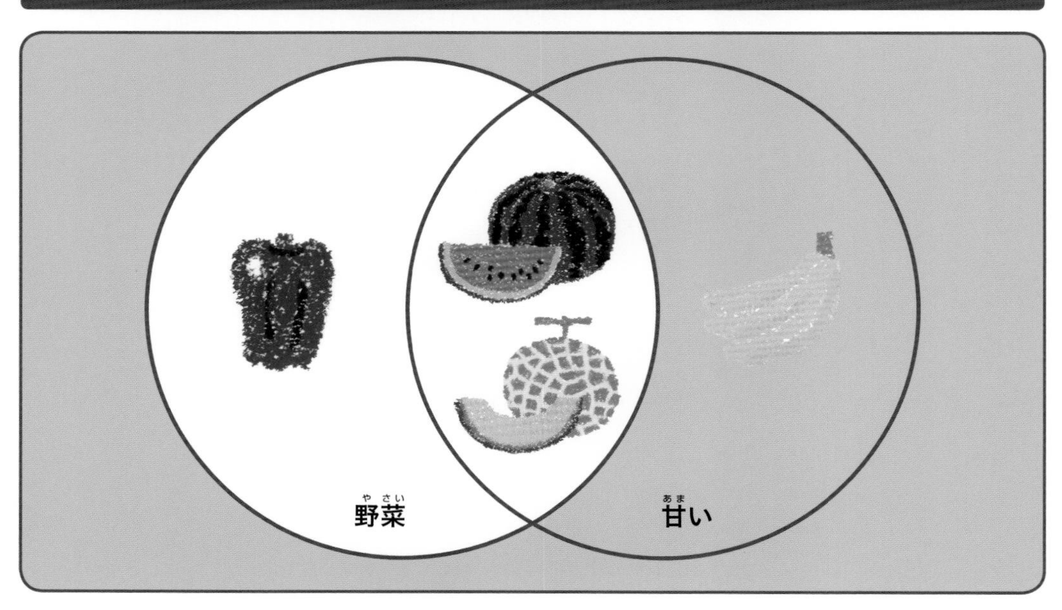

「野菜 XOR 甘い」はちょっとややこしくて「野菜で甘くないものか、野菜ではなくて甘いもの」のことです。つまり「○」と「△」の否定を「●」と「▲」とすると「○かつ▲または●かつ△」という条件に合うものになります。答えとしては、ピーマンやバナナが当てはまります。

排他的論理和（XOR）

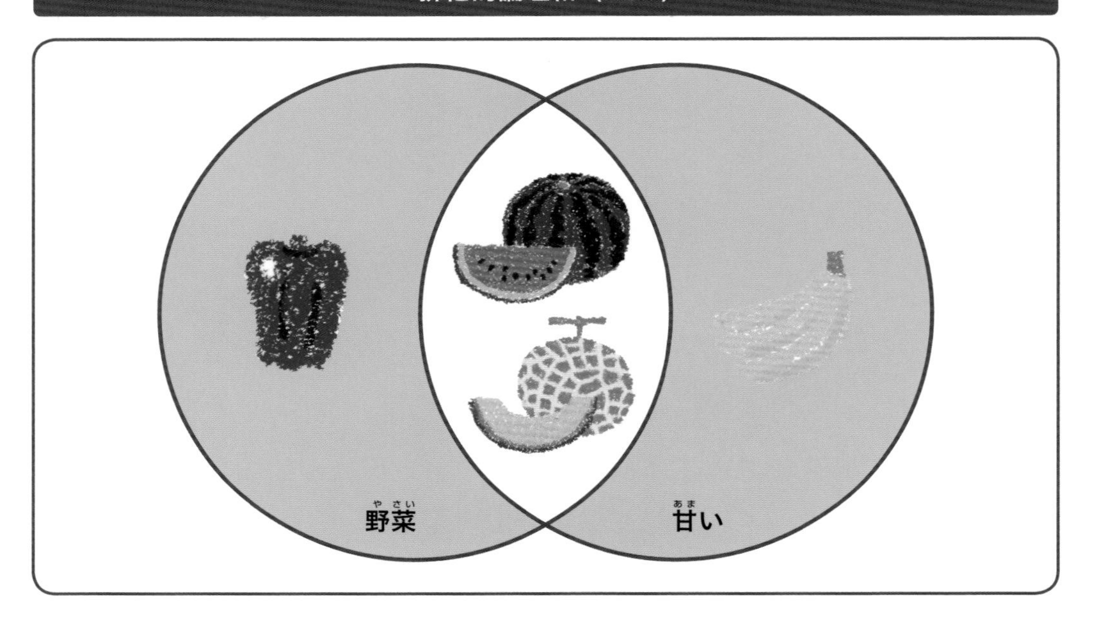

これらの『論理演算』を、理解しやすいように図に描いて表すこともよくやります。このときに使う図を『ベン図』と呼びます。四角で囲っている範囲が物事の全体を表していて、丸がそれぞれの条件、色がついている部分がその条件に当てはまった範囲を表しています。ここまで「野菜」と「甘さ」を例にしたベン図がいくつか登場しましたね。

「1」か「0」か（この場合は「野菜」か「甘い」か）というたった2つのことでも、それらを組み合わせていくと、非常に複雑なことができるということがわかると思います。普段はあまり意識していないと思いますが、コンピュータの中ではこんなことが行われているのです。そして実は、みなさんも含めて我々人間は、こんなことを毎日毎日、頭の中で考えながら生活しているのです。

調べて、考えて、まとめてみよう！

◆「野菜」と「甘さ」の例を使って次のようなベン図が描けたとき、どんな『論理演算』になっているか、『論理演算子』の「AND」、「OR」、「NOT」、「XOR」を使って条件を書いてみよう。

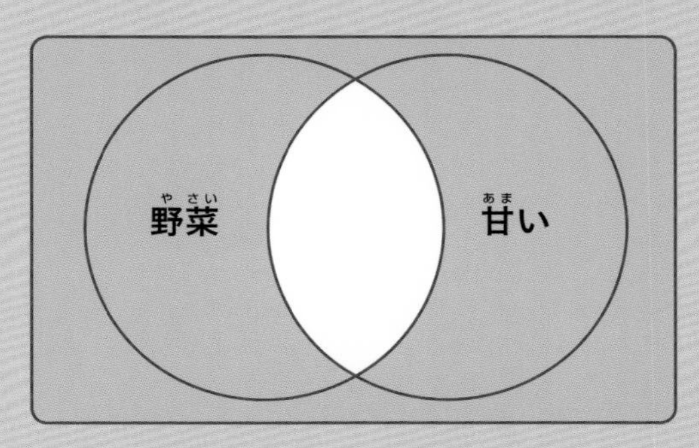

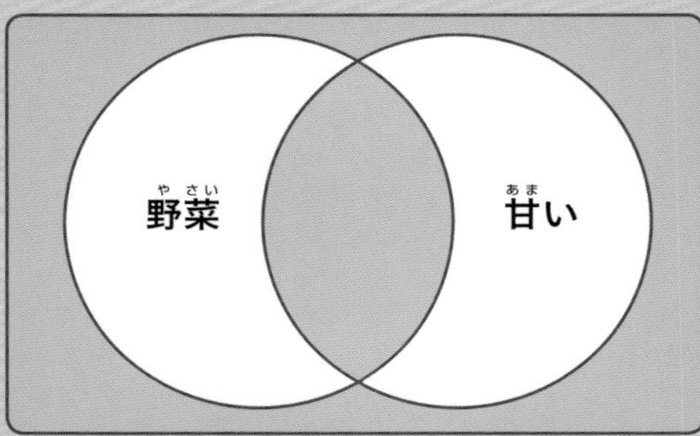

◆『排他的論理和（XOR）』は『論理積（AND）』と『論理和（OR）』、『論理否定（NOT）』を組み合わせると作り出すことができます。どう組み合わせたら『排他的論理和（XOR）』になるのか考えてみよう。

◆「野菜」と「甘さ」のような例を自分で考えて、同じように『論理演算』をしてみよう。どのような答えが出てくるかな？　確かめてみよう。

◆「野菜」と「甘さ」のように2つの条件ではなく、3つや4つの条件になったときにどうなるか、ベン図を描いて考えてみよう。

4

プログラミングのきほん［2］
条件分岐

『算術演算』や『論理演算』では、いろんな計算をすることができました。では、その計算の結果を使って次はこんなことをさせたいとか、また違ったことをさせたいというふうにコンピュータの動きを決めたいと思いませんか？　例えば、スイカだったらおやつの時間に食べる、メロンだったらデザートとして食べる、キャベツだったらご飯のおかずとして食べるといったふうにできたら、なんだかおもしろそうなことができそうですよね。

このように、場合によって「させること」を変えることを『条件分岐』と言います。また、計算の結果に合うか合わないかなどの判断の種類を表す記号に『関係演算子』というものがあります。『関係演算子』の種類と意味、使い方は次の６種類です。

種類	意味	使い方
＝＝	○と△が等しい	○＝＝△
！＝	○と△が等しくない	○！＝△
＞	△より○が大きい	○＞△
＞＝	○は△以上（○に△を含む）	○＞＝△
＜＝	○は△以下（○に△を含む）	○＜＝△
＜	○は△未満（○に△を含まない）	○＜△

　このように『算術演算』や『論理演算』で計算した結果と、それに合うかどうかなどの判断の種類を表す『関係演算子』によってさまざまな条件を作ることができます。この『条件分岐』には２種類の書き方があります。

　一つは、「もし○なら△をして（もし●なら▲をして…）、そうじゃなかったら□をする」という指令の書き方です。『if 文』と呼んだりします。実際のプログラムでは

```
if ○
  then △
(else if ●
  then ▲…)
else □
```

と書きます。先ほどの例だと

```
if 野菜 AND 甘い＝＝スイカ
  then おやつの時間に食べる
else if 野菜 AND 甘い＝＝メロン
  then デザートとして食べる
else ご飯のおかずとして食べる
```

というふうになります。

　もう一つは、「×という計算の結果が○なら△をする（●なら▲をする…）。条件に当てはまらないなら□をする」という指令の書き方です。『switch文』と呼んだりします。実際には

switch ×
case ◯ : △ break
（case ● : ▲ break…）
default : □

と書きます。先ほどの例だと

switch 野菜 AND 甘い
case スイカ : おやつの時間に食べる break
case メロン : デザートとして食べる break
default : ご飯のおかずとして食べる

というふうになります。

なぜ、同じことを表しているのに違う書き方が２種類もあるのか？　それは、動き方がちょっと違うからです。一つ目の『if 文』では、前から順番にプログラムを動かしていきますが、二つ目の『switch 文』では、計算の結果によって動かす場所が変わります。

『if 文』の場合、「if」のあとに書かれている「野菜 AND 甘い」の結果が、もし「キャベツ」だったら、まず初めの「if」に書かれている「スイカ」かどうかを見ます。違うときは次の「else if」に書かれている「メロン」を見て、やはり違うので最後の「else」に書かれている「ご飯のおかずとして食べる」を動かすことになります。

一方、『switch 文』の場合、「switch」のあとにかかれている「野菜 AND 甘い」の結果が、もし「キャベツ」だったら、途中に書かれている「case」の「スイカ」や「メロン」とは違うので、それらをすべて飛ばして、最後の

「default」に書かれている「ご飯のおかずとして食べる」を動かすことになります。

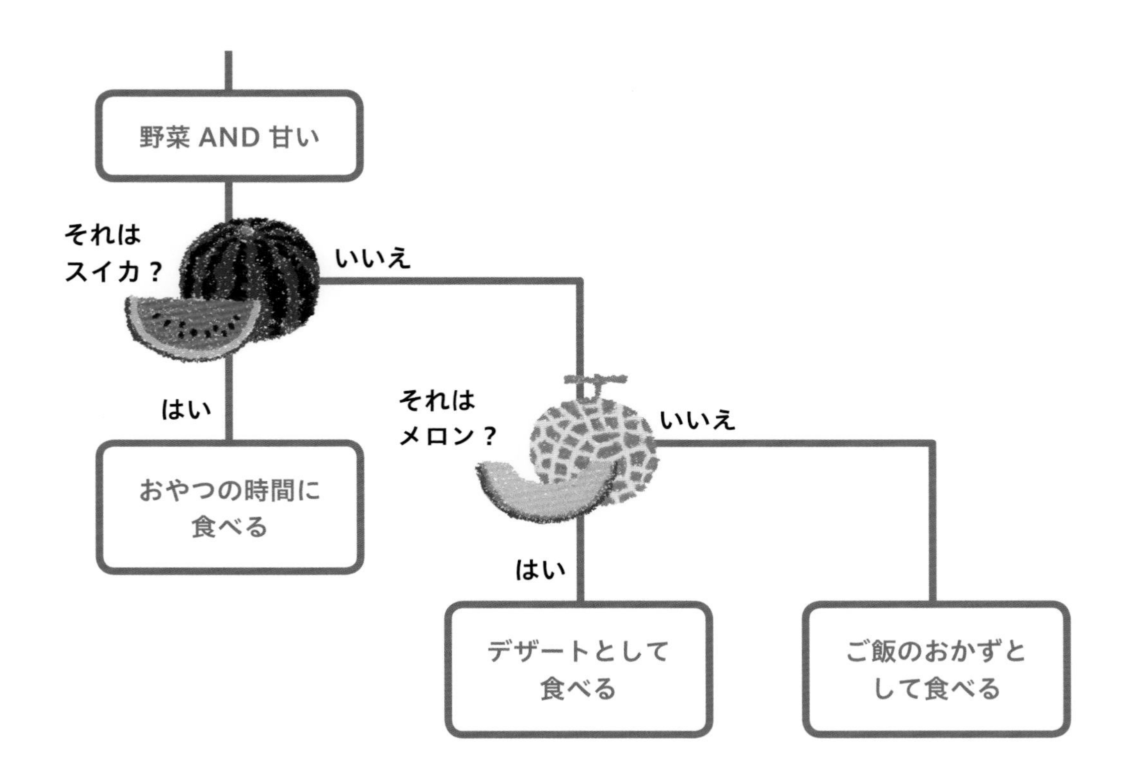

探究学習

調べて、考えて、まとめてみよう！

- 「野菜」と「甘さ」以外の例で『条件分岐』できるものを考えてみよう。
- 考えた『条件分岐』を『if 文』で書いてみよう。
- 同じように、考えた『条件分岐』を『switch 文』でも書いてみよう。

5

プログラミングのきほん［3］
変数・型

『演算』でいろんな計算ができること、『条件分岐』で場合によってさせることを変えられることがわかりました。この「何と何との計算をさせるのか」、「させることを変えるための条件をどうするのか」を考えることはかなり面倒くさい作業です。できれば、同じようなことは、使いまわして手間を省きたいと思うはずです。

そこで活躍するのが『変数』というものです。同じようなものをまとめて書いて、使いまわすというやり方です。例えば、先ほどの例で出てきた「野菜」も『変数』とみなすことができます。実際には「野菜」という名前の食べ物はなくて、「キャベツ」や「スイカ」や「メロン」や「ニンジン」や「ダイコン」というように、すべての野菜にはちゃんと名前がついています。でも、それをいちいち書くのは面倒なので「野菜」という同じようなものをまとめて書いています。

プログラムでも同じように、同じものをまとめて『変数』としておくことで、面倒くさい作業が減り、便利になります。『変数』は、箱のような入れ物をイメージするとわかりやすいと思います。みなさんもおもちゃはおもちゃ箱に、文具はお道具箱に、本は本棚に片づけますよね。そのおもちゃ箱やお道具箱、本棚という入れ物が『変数』です。同じようなものをまとめることができます。

この箱や棚などの入れ物には、別に「おもちゃしか入れられない」とか「本しか入れられない」ということはありません。入れ物の中に入るものであれば、基本的にはなんでも入れることができます。でも、なんでもかんでも入れてしまうと、中身がぐちゃぐちゃになってしまって、結局何が入っているのかがわからなくなってしまいます。これでは、せっかく箱に分けた意味がありませんよね。みなさんも同じような経験があると思います。

プログラムでもまったく同じように、『変数』には基本的にはなんでも入れることができますが、ぐちゃぐちゃにならないように入れるものの種類を決めてあげる必要があります。種類としては、コンピュータの中の話ですので、おもちゃや文具などではなく、数字や文字になります。

数字には、簡単な数字（『整数』）と複雑な数字（『小数』）があり、それぞれ別の種類として分ける必要があります。また、文字にも、１文字なのか単語のような複数の文字（文字列）なのかで種類として分けられます。

なぜ、こんなに種類を作らないといけないのか？　それは、同じ数字や文字でもその数字や文字の大きさが違うからです。おもちゃ箱やお道具箱でも、その箱以上に大きなものはどうがんばっても入らないですよね。ちょうどよい大きさの箱を用意するために、細かく種類を分けています。これらのことを変数の『型』と呼びます。

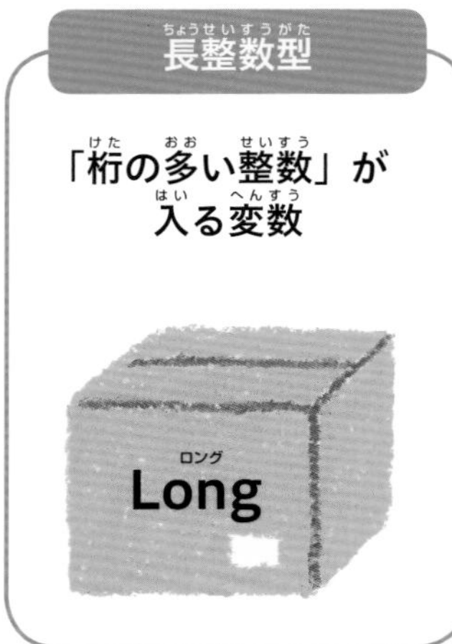

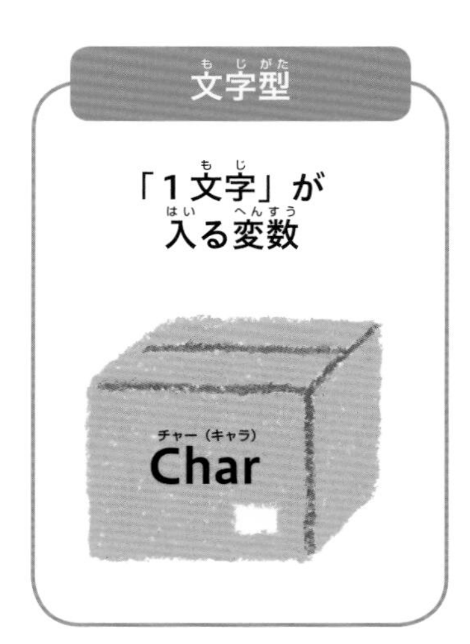

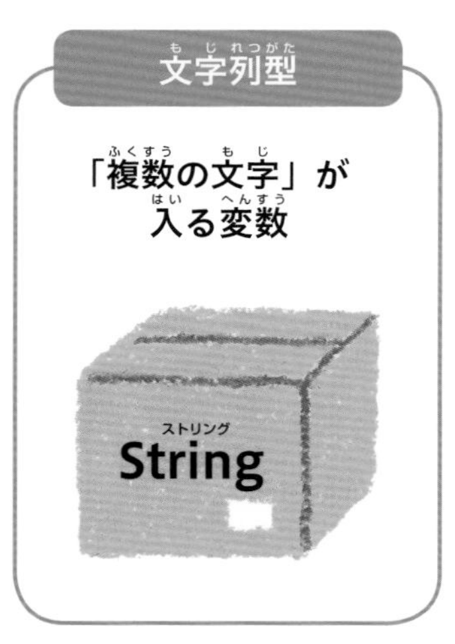

『変数』を使うときには、まず種類を表す『型』とその『変数』の名前を決める必要があります。『変数』の名前は自由に決めることができます。先ほどの「野菜」を変数として使うときは

String 野菜

とします。これで、変数「野菜」にはいろいろな文字列、つまり名前を入れることができます。

このように『変数』を使うことで面倒くさいことが減ります。どういうことなのかと言うと、例えば先ほどの例の「野菜 AND 甘い」で考えてみましょう。「野菜」と聞くと自然に「キャベツ」や「スイカ」や「メロン」や「ニンジン」や「ダイコン」などのことをイメージしてしまいますが、コンピュータはもちろんそんなことは知りません。だから、「キャベツは甘いか？」、「スイカは甘いか？」、「ダイコンは甘いか？」というようにすべての場合を書き出して『if 文』や『switch 文』にしないといけません。これは非常に面倒ですし、「野菜」にはここに挙げた以外にもたくさんの種類がありますので、すべてのことを書くのはとても無理です。そこで、『変数』としてまとめてあげることで、プログラムを簡単に書けるようにしています。ちなみに、『変数』という考え方は算数では出てきませんが、中学校で習う数学から出てきます。

探究学習

たんきゅうがくしゅう

調べて、考えて、まとめてみよう！

◆ 野菜以外の例で『型』を決めて、『変数』を作ってみよう。

6

プログラミングのきほん［4］配列

『変数』を使うことで、同じようなものをまとめることができました。よかったよかった。これでひと安心でしょうか？　本当にこれで、すべてのことをきれいに便利に整理整頓できるでしょうか？

例えば、「メロン」と言っても「マスクメロン」や「アンデスメロン」、「プリンスメロン」など、実はいろんな種類のメロンがあります。全部同じ「メロン」としたくないときもありますよね。ちゃんと分けておきたいときがあります。

そんなときに便利なのが『配列』です。『変数』を一気にいっぱい作る方法です。「野菜」という変数だと入れ物が１つだけですが、この「野菜」の中に「メロン」用とか「キャベツ」用というように、入れ物の中にさらに入れ物を入れて分けていくと、もっときれいに整理整頓することができます。これを特に『一次元配列』と言います。

さらに、その「メロン」用の中に「マスクメロン」用や「アンデスメロン」用、「プリンスメロン」用の入れ物を入れて、もっともっと分けて整理整頓することもできます。これを『二次元配列』と呼びます。

ちょっと複雑になってきましたね。別の例で言うと、１月１日のようにある１日のことを『変数』だと考えると、７日間を１週間としてまとめている

のが『一次元配列』、1週間を4週分、1か月としてまとめているのが『二次元配列』です。学校だと、一人ひとりの机が『変数』、縦一列や横一列で見ると『一次元配列』、1クラス全体で縦、横すべてを見ると『二次元配列』になります。

プログラムでは、『変数』の書き方と似ていて

```
String 野菜 [5]
String 野菜 [5][10]
```

というように、種類を表す『型』とその『変数』の名前を書きます。そのあとに[5]や[5][10]と『変数』ではなかったものが書かれています。これが単なる『変数』ではなく『配列』ですよという印です。[ ]が1つだけあるのが『一次元配列』、2つあるのが『二次元配列』になります。

[ ] の中の数字は、入れ物が何個あるのかを示しています。ですので

```
String 野菜 [5]
```

は「野菜」という変数が5個あるということになり

String 野菜 [5][10]

は、「野菜」という変数が縦に5個、横に10個あるということで、全部で50個あるということになります。

ここでちょっと疑問に思うのは、「野菜」という変数が50個あるのはわかるけど、どれが「キャベツ」用とか、どれが「アンデスメロン」用とかがどうやったらわかるのかということです。実は、これが「キャベツ」用ですとか、これが「アンデスメロン」用ですという区別はありません。入れ物は50個ありますので、これを「キャベツ」用にしよう、これは「アンデスメロン」用にしよう、とみなさんが自由に自分で決める必要があります。

これは、おもちゃ箱やお道具箱を使った整理整頓でも同じですね。箱は、初めは何の意味もない単なる箱です。でも一度、これはおもちゃ箱だとあなたが思えば、もうその箱は誰が何と言おうとおもちゃ箱なのです。

もし、『配列』という仕組みがなくて『変数』しかなかったとすると

6

プログラミングのきほん〔4〕配列

「String 野菜 [5][10]」を『変数』だけで書かなければならなくなります。そうすると 50 回も同じことを書かないといけなくなります。しかも、全部「野菜」という名前だと区別がつかなくなりますので、50 個も違う名前を決めなければなりません。これは非常に面倒ですし、大変ですよね。『配列』があって本当によかった！

実際のプログラムの中では、「野菜」という『変数』が 5 個や 50 個ある形となる『配列』は、それぞれの入れ物に「野菜 [1]」や「野菜 [2]」、「野菜 [3][8]」というように、番号によって別々に区別することになります。ちなみに、この番号は「0 番」からつけられることが多いので、「野菜 [5]」は「野菜 [0]」から「野菜 [4]」までの 5 個になります。「野菜 [5]」という入れ物は実際にはありませんので注意してくださいね。

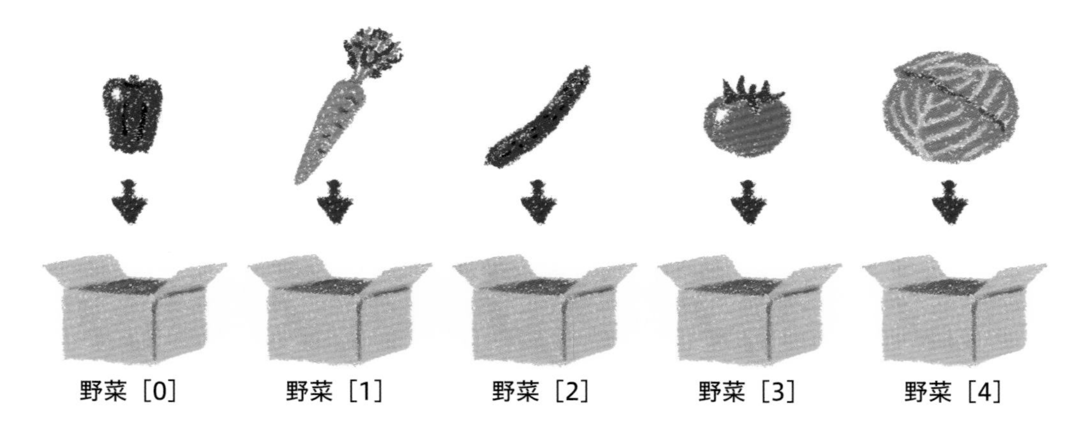

探究学習
たんきゅうがくしゅう

調べて、考えて、まとめてみよう！

◆『一次元配列』や『二次元配列』で整理整頓されている身の回りのモノを見つけてみよう。

7

プログラミングのきほん［5］
繰り返し

『配列』を使うことで、『変数』を一気にいっぱい作ることができました。この『変数』や『配列』は入れ物なので、その中にモノを入れることができます。たくさんある入れ物の１つずつにモノを入れていくことになります。『変数』であれば、個数が多くないのでたいしたことはありませんが、『一次元配列』や『二次元配列』になると、入れ物の数は非常に多くなります。それぞれに１つずつモノを入れていくと、整理整頓ができてよいのですが、けっこう面倒な作業です。

例えば、先ほどの例の配列『String 野菜 [5]』、つまり、５つの「野菜」の入れ物それぞれに「キャベツ」を入れようとすると

野菜 [0]= キャベツ
野菜 [1]= キャベツ
野菜 [2]= キャベツ
野菜 [3]= キャベツ
野菜 [4]= キャベツ

と書かなければなりません。同じような作業をしているので、同じようなことを何回も書かなければならないのです。今回は５回だけなのでこれぐらい

ですみますが、10回、100回、1000回となるとイヤになりますよね。

そこで活躍するのが『繰り返し』という作業です。同じような作業をまとめて繰り返してさせるやり方です。この『繰り返し』には『条件分岐』と同じく２種類の書き方があります。

一つは「○から始め△の間、□を続ける。□のあと×をして△でなかったら終わる」という指令の書き方です。『for 文』と言ったりします。

実際には

```
for( ○ ; △ ; × ){
    □
}
```

と書きます。さっきの例を変数「int 回数」を使って書くと

```
for( 回数 =0 ; 回数 <5 ; 回数 = 回数 +1 ){
   野菜 [ 回数 ]= キャベツ
}
```

というふうになります。変数「回数」が「0」から「5」より小さい（未満の）とき、配列「野菜」の0番から順にキャベツを入れる。配列「野菜」にキャベツを入れるたびに回数を1増やす。すると回数はいつか「5」になり、「5」以上になるので終了します。つまり、最後にキャベツを入れた配列「野菜」は4番目の入れ物ということになり、配列「野菜」の0番から4番までにキャベツが入ることになります。

もう一つは「○から始め△の間、□して×をする」という指令の書き方です。『while 文』と言ったりします。実際には

```
○
while( △ ){
   □
   ×
}
```

と書きます。『for文』と同じ例を『while文』で書くと、こうなります。

```
int 回数 =0
while( 回数 <5 ){
   野菜 [ 回数 ]= キャベツ
   回数 = 回数 +1
}
```

ついでに、二次元配列「野菜 [5][10]」の場合も考えてみましょう。例えば『for 文』で変数「int 行数」と「int 列数」を使って書くと

```
for( 行数 =0 ; 行数 <5 ; 行数 = 行数 +1 ){
   for( 列数 =0 ; 列数 <10 ; 列数 = 列数 +1 ){
      野菜 [ 行数 ][ 列数 ]= キャベツ
   }
}
```

となります。まず「野菜[0][0]」にキャベツを入れると、次は「野菜[0][1]」にキャベツを入れます。「野菜[0][9]」までキャベツを入れると、次は「野菜[1][0]」にキャベツを入れます。これを続けていき、「野菜[4][9]」にキャベツを入れると終了します。

調べて、考えて、まとめてみよう！

◆ 二次元配列「野菜 [5][10]」の場合を『while 文』で変数「int 行数」と「int 列数」を使って書いてみよう。

8

プログラミングのきほん［6］
関数

これまで見てきたように、いっぱい書くのが大変という「面倒くさい」ことをなくすために、『変数』や『配列』がありました。便利ですよね。でも、人はみんな面倒くさがり屋さん。できる限り手を抜きたいということで、さらに便利にできるものがあります。それが『関数』です。

『関数』では、ある決まっていることをまとめることができます。例えば、みなさんはレストランに行ってご飯を食べることがあると思います。ご飯を食べるのであれば、家で料理をして食べることもできます。でも、たまにはお母さんもお父さんも楽がしたい。たまには家とは違った味のモノが食べたい。自分たちの代わりに誰かにおいしい料理を作ってほしい。そう思って私たちはレストランに行きます。

レストランでは、食べたいものを店員さんに伝えると、何もしなくてもおいしい料理が運ばれてきます。家でご飯を食べるときは、そんなわけにはいきません。材料を買いに行って、洗ったりむいたり切ったりして、それから焼いたり炒めたりして、最後に味付けをしてようやくおいしい料理が完成します。毎日毎日ほんとに大変です。お母さん、お父さんに感謝ですね。

『関数』は、この「料理をする」という大変な作業を便利にしたレストランと同じです。レストランでは、注文をしたらおいしい料理が出てきます。

関数(かんすう)でも、あるモノを入(い)れると、それに応(おう)じて何(なに)かが返(かえ)ってくる仕組(しく)みを作(つく)ることになります。レストランを例(れい)にすると、実際(じっさい)には

```
レストラン ( String 注文 ){
  String お料理
  switch 注文
    case 本日の定食 : お料理 = 牛丼 break
    case おすすめ : お料理 = カレー break
    default : お料理 = ラーメン
  return お料理
}
```

というふうに書くことになります。『関数』の名前は「レストラン」です。

関数「レストラン」は「注文」を受け付けます。この「注文」にあたるものを『引数』と呼びます。関数「レストラン」の中には、すでに見てきた『変数』や『switch 文』が入っていますね。このように『関数』の中には、いろんな作業や指令を入れることができます。引数「注文」が「本日の定食」なら料理は「牛丼」、「おすすめ」なら「カレー」、それ以外の注文なら「ラーメン」が注文された料理になります。

そして、最終的には注文された「料理」を提供することになります。プログラムとしては、「return」のあとに書かれている内容が返ってきます。この返ってくるものを『戻り値』と呼びます。

つまり、関数「レストラン」は、引数「注文」を入れると、戻り値「料理」が返ってくるものになります。このような『関数』としてまとめておくと、プログラムのあちこちでこの『関数』を自由に呼び出して使い回すことができるようになります。

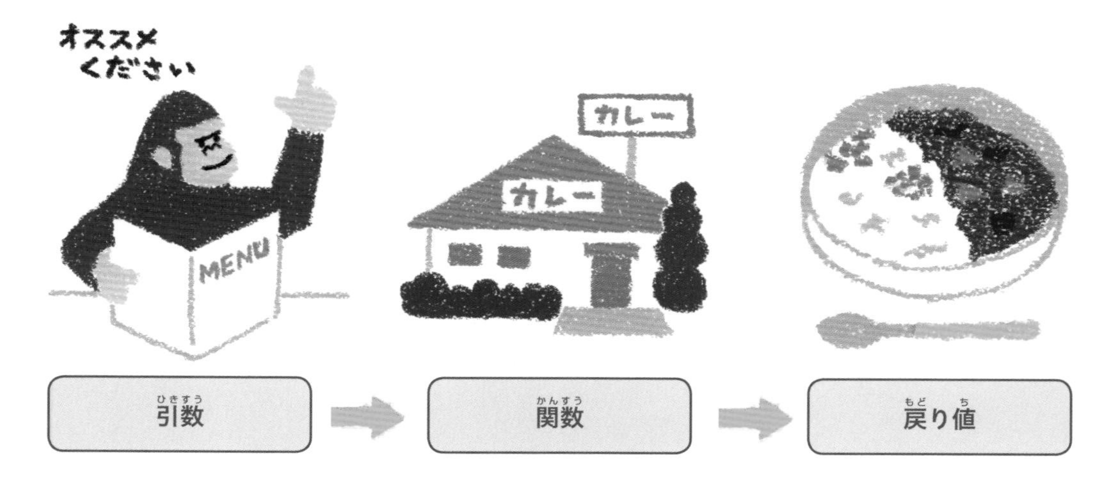

実際に、プログラムの中で関数「レストラン」を呼び出して使おうとすると

String ご飯 = レストラン（おすすめ）

というふうに書きます。この１行だけで、String型の変数「ご飯」には「カレー」が入ることになります。関数がなければ、先ほどの関数「レストラン」の中の作業や指令を書かないといけないので、最低でも５行ぐらいは書く必要があります。それが１行ですむのです。これは便利ですよね。

ただ、よく考えると、たった１回しか使わない、１回しか作業しない指令は、わざわざ『関数』としてまとめておく必要はありません。逆に、書く内容が増えてしまって面倒くさいことになってしまいます。何回も使い回す可能性のあるものを見つけて、それを『関数』にしましょう。そして、いろんなところに使い回しやすいように、むやみに大きな『関数』にするのではなく、最低限必要な作業をまとめて『関数』にするのがよいでしょう。

調べて、考えて、まとめてみよう！

◆ レストラン以外の例で、身の回りで『関数』としてまとめることができる物事を見つけてみよう。

◆ 見つけた物事を『関数』として書いてみよう。

9

プログラミング言語の種類

ここまでの話で実際のプログラムがいくつか出てきましたが、それらはあくまでも基本的なイメージになります。プログラムの書き方にはいろんな種類があります。これは、人がしゃべる言葉（言語）にも日本語や英語、フランス語といったようにいろんな言語があるのと同じです。プログラムの書き方や使う言語もいろいろあります。

人間もいろんな言語を使っているので、異なる言語を使う場合には翻訳が必要になったりして、コミュニケーションをとるのが難しかったりします。本当ならば、言語を一つにすれば非常に便利なのですが…。ではなぜ、プログラミング言語にもいろんな種類があるのでしょうか？

それは、その言語によって、得意なことや苦手なことがあるからです。これは、人間が使う言語も同じだったりします。例えば、日本では昔から「水」が豊富で身近なものだったので、「水」に関する単語がとてもたくさんあります。「お湯」、「白湯」、「熱湯」、「五月雨」、「時雨」、「霙」など、微妙な違いをそれぞれ違う単語で表します。これらを英語に翻訳しようとすると、なかなか難しかったりします。それは、英語を使う人にとっては、そもそもそうした単語がなく、微妙な違いがわからないからです。英語に翻訳しようとすると、１つの単語で言い換えるのは無理で、文章にして説明しなければ

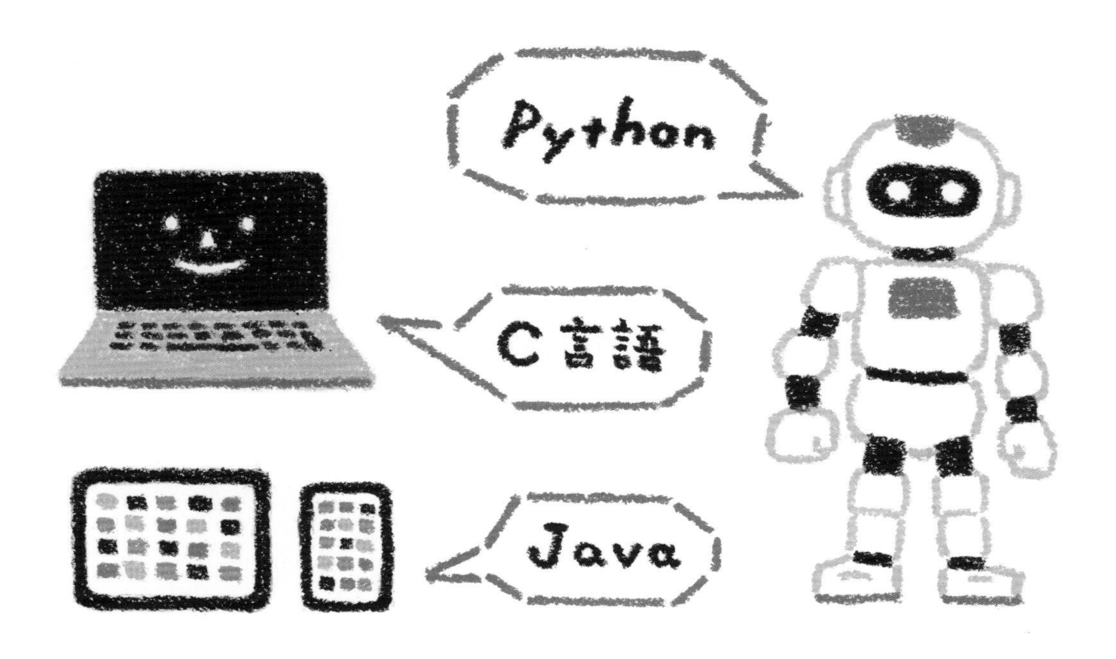

なりません。

　これと同じようなことがプログラミング言語でも起こります。つまり、どんなプログラミング言語でもさまざまなプログラムを作ることができます。でも、書きやすい、作りやすい言語と、書きにくい、作りにくい言語というものがあるのです。

　ということで、できれば、特徴の違う言語を２つぐらい覚えておくのがよいでしょう。２つの言語を知っていれば、他の言語は、その２つの言語のどちらかとよく似ているはずなので覚えるのも簡単です。まずは２つの言語を覚えてみましょう。

　では、どの２つを覚えるのがよさそうか？　その前に、まずはさまざまなプログラミング言語を分類してみましょう。いろんな分類の仕方があるのですが、例えば、作るプログラムの種類で分けてみましょう。パソコン用なのかスマートフォン用なのかなどで得意、不得意が変わります。

作るもの	適した言語
パソコン用アプリ	C言語、C++
スマートフォン用アプリ	Java、Swift
Webサイト	PHP、JavaScript
AI（人工知能）	Python

次は、プログラムの動き方の違いで分類してみましょう。コンピュータは「1」と「0」で動いています。でも、プログラミング言語はアルファベットで書いています。実は、プログラムが動くときには、このアルファベットを「1」と「0」に書き換えて動いています。この書き換えをいつやるかによって動きが違ってきます。

作るもの	適した言語
コンパイラ言語	C言語、C++
インタプリタ言語	C言語、C++以外の言語

『コンパイラ言語』は、まずすべてのプログラムを「1」と「0」に書き換えてから動かします。すべてを一気に書き換えなければなりませんのでちょっと面倒ですが、動くスピードは早いという特徴があります。一方、『インタプリタ言語』は、プログラムを1行動かそうとしたときに、その1行だけをその都度「1」と「0」に書き換えて動かします。その都度書き換えますので、手間はかかりませんが、動くスピードは遅くなってしまいます。

最後に、プログラムの作り方の違いで分類してみましょう。

9

プログラミング言語の種類

作るもの	適した言語
手続き型言語	C言語
オブジェクト指向型言語	C言語以外の言語

『手続き型言語』では、簡単なルールを順序良く並べることでコンピュータにさせることを指定します。小規模だったり、少人数でプログラムを作ったりするときには便利です。一方、『オブジェクト指向型言語』では、いろんな部品をつなげて、組み立てていくようにコンピュータにさせることを指定します。大規模だったり、多人数でプログラムを作ったりするときに便利です。

ということで、身近なパソコンやスマートフォン用のプログラムを作ることができ、コンパイラ言語とインタプリタ言語、手続き型言語とオブジェクト指向型言語の組み合わせを考えると、C言語とJavaをまず使えるようになるのがよいのではないかと思います。私からのおすすめです！

探究学習

調べて、考えて、まとめてみよう！

- 他にどんなプログラミング言語があるのか調べてみよう。
- 他にどんな分類方法があるか調べてみよう。
- 調べた言語を分類してみよう。

10

プログラムを作るときのコツ

自分の「したくないこと」や「してほしいこと」をコンピュータに代わりにしてもらうためには、プログラミング言語を使って、プログラムを作る必要があります。コンピュータは人間より正確に、素早く仕事をすることができますが、みなさんのように賢くはなく、非常に不器用です。そのため、みなさんが考えていることや思っていること、してほしいことなどを1から10まで「ちゃんと」書き出して、指示・指令してあげる必要があります。

つまり、プログラムは、正確に、詳細に書かなければ決して思うようには動きません。また、その指示や指令の順番も重要です。してほしいことがちゃんと書かれていても、順番が違っていると、まったく違う結果になってしまいます。

実際にプログラムを作るときにはちょっとしたコツがあります。してほしいことはたくさんありますし、かなり複雑なことになるかもしれません。そんなとき、どんどんプログラムを書いていってしまいがちです。プログラミングは慣れてくるととても面白く感じますので、思わず熱中して書き進めてしまうことが多いのです。

でも、これはとても危険です。なぜか？　それは、人間は必ず間違うからです。最初から最後まで間違いのない完璧なプログラムを作ることは、どん

なに練習をしても、どんなにプロフェッショナルな専門家であっても絶対にできません。どこかに必ず間違いを作ってしまいます。この間違いのことを『バグ』と言います。

　ちなみに『バグ』とは「虫」のことです。1947年、アメリカで「マークII」というコンピュータが突然動かなくなりました。その原因を調べてみると、なんとコンピュータの中に本物の虫が入り込んでいて、そのせいで故障していたのです。このことから、コンピュータがちゃんと動かなくなるプログラムのミスのことを『バグ』と呼ぶようになったと言われています。

　最終的には『バグ』のないプログラムを作る必要がありますが、初めから『バグ』のないプログラムを作るのは不可能です。では、どうすればよいのか？それは、一気に最後までプログラムを作るのではなく、小さいプログラムから少しずつコツコツと作っていくのです。初めは簡単なプログラムを作り、ちゃんと動くかしっかり確認する。確認ができたら、そのプログラムをもとに、もうちょっと難しいことができるように改良する。そうしたら、またちゃんと動くのかをしっかり確認する。この作り方を続けていくと、いつかは複雑なプログラム、自分がしてほしいことをしてくれるプログラムが完成します。

プログラムの途中でちゃんと動くことを確認するためには、一度動かしてみることが大切です。もちろん、途中までしかできていないプログラムなので、自分がしてほしいことはまだしてくれません。でも、その途中までのことはちゃんと動いてくれないと困ります。もし、途中までちゃんと動いてくれなかったら、もうその時点でそのプログラムには『バグ』が入り込んでしまっているのです。

途中で、まだ中途半端なプログラムを動かすことは、非常に手間がかかりますし、面倒くさいです。でも、この手間を惜しんでせっかくのプログラムに『バグ』が入ってしまってはどうしようもありません。

ことわざに「石橋を叩いて渡る」というものがありますよね。注意しながら、確認しながら行動することの大切さは、プログラムを作るときも同じです。また、同じような意味で私は「傷は浅いうちに治した方がよい」とよく言っています。『バグ』は小さい間違いであることが多いのですが、そのまま放っておくと、その『バグ』が大きな、大変な間違いを引き起こしてしま

うことになりかねません。大きい『バグ』を修正するのは大変ですが、小さい『バグ』であればそれほどではありません。ぜひ、間違いは小さいうちに修正しておく癖をつけておきましょう。

この考え方は、決してプログラミングだけに当てはまることではありません。みなさんの普段の生活でも同じことが言えると思います。間違わないようにしっかり確認して、考えて行動する。それでも間違ったときはちゃんと謝って直す。そして、二度と同じ間違いをしないようにしましょう。

調べて、考えて、まとめてみよう！

◆ プログラミング言語を1つ選んで、プログラムを作ってみよう。

用語集／さくいん

	用語	解説	掲載ページ
あ・か	アラン・チューリング	イギリスの数学者。コンピュータの基礎となる「チューリングマシン（万能機械）」という空想のコンピュータを考案した	4
	if 文	if、then、else if、else で書かれる条件分岐	19, 20
	インタプリタ言語	プログラムを動かすときにその都度書き換えて動かす言語	40
	EDSAC	1949 年に開発された現在のコンピュータの原型	5
	ENIAC	コンピュータが知られるきっかけとなった機械	4
	演算装置	計算をする機能	5
	オブジェクト指向型言語	部品をつなげて、組み立てていくように作る方法	41
	関係演算子	判断の種類を表す記号（==、!=、>、>=、<=、<）	18
	関数	ある決まっていることをまとめたもの	32, 33
	記憶装置	プログラムやデータ（情報）をおぼえておく場所	5
	コンパイラ言語	プログラムすべてを書き換えてから動かす言語	40
さ・た	算術演算、算術演算子	算数の時に習う計算（演算）方法と使う記号	12, 13
	集合論	論理演算で扱う考え方	13
	10 進数	人間が普段使っている数字の数え方	13
	出力装置	人間に計算結果を伝える機械（例：ディスプレイ）	5
	条件分岐	計算結果（条件）に合わせて動きを変える方法	18-21
	常識	誰もが知っていること、または正しいと思っていること	9
	ジョン・フォン・ノイマン	ハンガリー出身のアメリカの数学者。現在のコンピュータの仕組みである「プログラム内蔵型」を考案した	5
	switch 文	switch、case、break、default で書かれる条件分岐	19, 20, 36
	数理論理学（記号論理学）	論理演算を扱う学問	13
	制御装置	コンピュータ全体が動くように調整する機能	5

	用語	解説	掲載ページ
さ・た	整数と小数	「1」ずつの刻みと「1」より小さい刻みの数字	23, 24
	チューリングマシン（万能機械）	空想のコンピュータ、空想のコンピュータの原理	4
	手続き型言語	簡単なルールを順序よく並べて作る方法	41
な・は	2 進数	コンピュータが普段使っている数字の数え方	13
	入力装置	コンピュータに指示を伝える機械（例：キーボード、マウス）	5
	ノイマン型コンピュータ	五大装置でできているコンピュータ	5
	排他的論理和（XOR）	「◯◯かつ▲▲または●●かつ△△」を表す論理演算	14, 16
	配列	関連した変数をまとめて一気に作る方法	26-29
	バグ	プログラムのミス、間違い	43, 44, 45
	引数	関数に入れるモノ	36
	for 文、while 文	繰り返し処理の方法	31, 32, 33
	プログラミング言語	プログラムを作るときに使う言葉、言語	38-41
	プログラム内蔵型	記憶装置にプログラムなどを保存するコンピュータ	5
	変数と型	同じようなものをまとめるための入れ物と種類	22-25
ま・や・ら	戻り値	関数から返ってくるモノ	36
	論理	考える方法やそのときに使うルール、考えのつながり	12
	論理演算、論理演算子	2 進数の数の計算（演算）方法と使う記号	12-17
	論理積（AND）	「◯◯かつ△△」を表す論理演算	14
	論理否定（NOT）	「◯◯ではない」を表す論理演算	14, 15
	論理和（OR）	「◯◯または△△」を表す論理演算	14, 15

土屋誠司（つちや・せいじ）

同志社大学理工学部インテリジェント情報工学科教授、人工知能工学研究センター・センター長。2000年、同志社大学工学部知識工学科卒業。2002年、同志社大学大学院工学研究科博士前期課程修了。三洋電機株式会社（のちにパナソニック傘下）研究開発本部に勤務後、2007年、同大学院博士後期課程修了。徳島大学大学院ソシオテクノサイエンス研究部助教、同志社大学理工学部インテリジェント情報工学科准教授を経て、2017年より現職。主な研究テーマは知識・概念処理、常識・感情判断、意味解釈。著書に『はじめての自然言語処理』（森北出版）、『やさしく知りたい先端科学シリーズ6はじめてのＡＩ』（創元社）がある。

ＡＩ時代を生き抜くプログラミング的思考が身につくシリーズ②

プログラミングのきほん

2020年9月20日　第1版第1刷発行

著　者　　土屋誠司
発行者　　矢部敬一
発行所　　株式会社 創元社
https://www.sogensha.co.jp/
<本社>
〒541-0047 大阪市中央区淡路町4-3-6
Tel.06-6231-9010　Fax.06-6233-3111
<東京支店>
〒101-0051 東京都千代田区神田神保町1-2　田辺ビル
Tel.03-6811-0662

デザイン　椎名麻美
イラスト　祖敷大輔

印刷所　　図書印刷 株式会社

Printed in Japan　ISBN 978-4-422-40051-8　C8355